Pornpunsa Wuttisanwattana

Quadro de Transferência de Conhecimentos para a Construção na Fase de Transição

Pornpunsa Wuttisanwattana

Quadro de Transferência de Conhecimentos para a Construção na Fase de Transição

ScienciaScripts

Cover image: www.ingimage.com

This book is a translation from the original published under ISBN 978-3-659-78767-6.

Publisher:
Sciencia Scripts
is a trademark of
Dodo Books Indian Ocean Ltd. and OmniScriptum S.R.L publishing group

120 High Road, East Finchley, London, N2 9ED, United Kingdom
Str. Armeneasca 28/1, office 1, Chisinau MD-2012, Republic of Moldova, Europe
Printed at: see last page
ISBN: 978-620-8-20142-5

AGRADECIMENTOS

Aproveito esta oportunidade para expressar a minha gratidão a todos os que me apoiaram ao longo deste curso. Estou verdadeiramente grato pela sua orientação, conselhos e pelo recurso mais importante para a vida, que é o seu tempo. Sinto-me com sorte por ter a oportunidade de estar entre pessoas que partilham sempre as suas experiências.

Expresso os meus agradecimentos especiais ao Sr. Punnamee Sachakamol - orientador da tese - pelas suas sugestões e encorajamento. Além disso, agradeço profundamente ao Professor Associado Kongkitti Phusavat, Ph.D., co-orientador da tese, que me deu a ideia desta tese, e também aos membros do comité pelos seus valiosos comentários.

Por último, gostaria de expressar os meus sinceros agradecimentos ao Sr. Kevin J. Mikolosko, do projeto de subestudo, pela sua sugestão, ponto de vista e cuidado.

Pornpunsa Wuttisanwattana

agosto de 2014

ÍNDICE DE CONTEÚDOS:

CAPÍTULO 1

INTRODUÇÃO

No mundo das flutuações económicas, a economia está a mudar de forma turbulenta. Uma empresa de construção precisa de melhorar para sobreviver no mercado. Uma organização enfrenta muitos tipos de problemas em cada fase do projeto, que podem ser classificados por tipo de risco. Cada uma delas está a tentar evitar a sua fase de risco, o que pode levá-la a sair do negócio. A gestão do risco (GR) foi considerada um fator-chave numa organização, graças à sua capacidade de minimizar a probabilidade e o impacto das ameaças e de captar as oportunidades que podem ocorrer durante o ciclo de vida do projeto. Os processos de gestão do conhecimento (GC) também se tornaram um recurso estratégico para as organizações com a sua grande influência na redução do risco organizacional. (Alhawari et al., 2012).

O trabalho de projeto de engenharia consiste em procurar, modificar e traduzir a informação. Por vezes, um engenheiro disciplinar tem de trabalhar com informações que não estão relacionadas com a sua disciplina (Lombard & Yesilbas, 2005). Posteriormente, há perda de recursos do projeto, incluindo informação, quando a confusão entre "trabalho da equipa de projeto" e "responsabilidades" não é claramente interpretada. A gestão do conhecimento durante as actividades de conceção e construção pode evitar este problema. (Bektas et al., 2008)

A importância da informação é proeminente quando ocorre uma crise no projeto. A crise pode ser um acidente durante a construção ou a operação. São necessárias provas de que a fábrica foi construída com base num projeto de engenharia aceitável. A crise financeira do projeto, que surgiu do conflito entre o proprietário e o empreiteiro, exige informações completas sobre todos os aspectos, incluindo todos os pormenores da construção. Ganhar o caso em tribunal significa a sobrevivência da organização. Nos últimos anos, na Tailândia, os acidentes graves têm ocorrido com maior frequência. Em maio de 2012, na zona industrial petroquímica, a explosão de um tanque de tolueno causou 5 mortos e mais de 90 feridos. O acidente ocorreu durante o período de paragem, quando havia mais do que um empreiteiro envolvido na zona. A informação sobre as instalações em funcionamento, incluindo a informação sobre todos os produtos químicos existentes na zona, não foi corretamente transmitida a cada uma das partes, especialmente àquelas que não seguem as mesmas normas de segurança. No entanto, ao trabalhar em áreas e processos específicos, é sempre necessário aprender novas experiências. (Jamorndusit, 2012). Neste caso, verifica-se que a partilha de informações é muito importante. Após a ocorrência do caso, cada empreiteiro, incluindo o proprietário, teve de apresentar todas as provas que pudesse fornecer para se defender da culpa, o que poderia levar a empresa a perder a sua fiabilidade e, por fim, o mercado.

Como uma organização precisa de ser competitiva, tornando-se mais inovadora e introduzindo novas ideias, é necessário gerir as suas experiências. (Alhawari et al., 2012). A empresa é simplesmente definida como uma empresa bem sucedida com um lucro elevado ou um bom produto. Sabe-se que o lucro e o produto são importantes e que ambos precisam de competir no mercado. Para obter este sucesso, a empresa precisa de aprender continuamente para se adaptar ao ambiente competitivo. (Owen, 1991). Em janeiro de 2014, a ThyssenKrupp, uma famosa empresa mundial de construção de instalações de processamento, afirmou: "Para nós, as inovações e o progresso técnico são factores-chave na gestão do crescimento global e na utilização de recursos finitos de forma sustentável". É óbvio que a empresa está preocupada com esta questão. (ThyssenKrupp, 2014)

A ligação global obrigou a organização a ser uma "Organização Global". A organização global tem o mundo como o seu mercado e, naturalmente, essa organização global é uma operação global. A operação global relacionar-se-á com recursos humanos globais, capital global, tecnologia, matérias-primas e instalações. (Marquardt M. J., 2002). As empresas globais de construção de instalações de processamento têm as suas sucursais em todo o mundo para explorar a quota de mercado. Além disso, a natureza desta indústria é a necessidade de relações entre clientes e fornecedores. Por conseguinte, a criação de um escritório local é uma necessidade. A Worley Parson - outra empresa líder no sector da construção de instalações de processamento - tem 157 escritórios em 46 países e as outras empresas líderes também têm escritórios em todos os continentes. (WorleyParsons, 2014)

A segunda força significativa é a "Tecnologia", a Internet é a ferramenta que torna o mercado global acessível. É óbvio que, atualmente, as empresas globais não podem funcionar sem um computador durante 30 segundos. O melhor computador e o melhor software de hoje serão antiquados dentro de alguns anos. A tecnologia com avanço e inovação é fortemente exigida pelo trabalho (Marquardt, 2002). A Internet é um bom exemplo de como a tecnologia mudou as nossas vidas. A Internet pode construir o mundo dos negócios.

Com a globalização e a tecnologia, os empregados não precisam de estar no escritório. A maioria das empresas fornece computadores portáteis aos seus empregados para que possam trabalhar a partir de qualquer local através da Internet. Os funcionários também podem trabalhar perto dos clientes. Para melhorar o desempenho da empresa, as rotinas de trabalho são reorganizadas, redesenhadas e/ou mesmo reformuladas. A tendência da empresa é ter um número mínimo de funcionários permanentes, tendo temporários em posições mais altas e permanentes em posições mais baixas. Por conseguinte, a terceira força significativa é a transformação da estrutura da organização.

No sector dos serviços, é óbvio que os clientes podem reclamar do serviço através do sítio Web. O comportamento do cliente é registado quando este vai às compras ou obtém alguns serviços. As exigências dos clientes são outra força de aprendizagem para as organizações. As exigências dos clientes obrigam a empresa a ter um novo desempenho, padrões de qualidade, variedade, personalização e tempo de inovação. Além disso, o ciclo de vida curto dos produtos também obriga a empresa a ter parcerias e alianças globais. O conhecimento, como um dos principais recursos de uma empresa (Johnston, 1991) para obter sucesso, está a tornar-se mais importante do que os recursos financeiros, uma vez que o conhecimento é a base das tradições, cultura, tecnologia, operação, sistema e procedimento da empresa. Por conseguinte, o conhecimento é um dos activos da organização. A importância da patente do conhecimento está a aumentar em todas as empresas. Processos, competências de gestão, tecnologia, informações sobre clientes e fornecedores ou mesmo experiências antigas, estes conhecimentos podem criar uma vantagem (Marquardt, 2002).

A limitação tecnológica da indústria de construção de instalações de processamento depende da tecnologia do produto, também designada por tecnologia de processamento. No entanto, do ponto de vista da gestão de projectos, todas as empresas tentam ser especializadas na integração de sistemas, em aquisições fiáveis e bem conhecidas entre os fornecedores. Por conseguinte, a empresa contratante principal tem-se empenhado em estudar e investir em novas tecnologias, tanto em tecnologia de processos como em tecnologia de recursos (Marquardt, 2002).

Com a globalização, os trabalhadores de cada nível de uma empresa serão cada vez mais solicitados e terão de trabalhar com base no conhecimento. Atualmente, nas operações de produção, espera-se que os trabalhadores sejam capazes de resolver problemas quando ocorrem casos inesperados, o que significa que a nossa sociedade está a passar da era industrial para a era do conhecimento. Este facto também obrigará uma organização a aprender (Marquardt, 2002).

Quando a organização se torna global, a força de trabalho precisa de ser mais diversificada e móvel, uma empresa começa a ter recursos humanos de outros países. O fosso entre a oferta e a procura de mão de obra está a forçar os trabalhadores a deslocarem-se. (Johnston, 1991) Existem forças que levam os trabalhadores a mobilizarem-se, tais como a deslocalização, a concorrência, a melhoria da produtividade e a normalização. A deslocalização é vista na nova geração, que é jovem e tem formação superior. Estes nasceram na era em que a terra natal já não é significativa; o seu sonho é procurar uma oportunidade melhor. Enquanto o país com escassez de mão de obra procura a oportunidade de melhorar a sua própria produtividade, é necessária mão de obra qualificada e não qualificada. As gerações mais jovens, com mais formação e experiência, podem satisfazer esta procura de mão de obra. As pessoas que vivem nesses países também precisam de competir nesta procura de mão de obra. Precisam de melhorar a sua própria educação e experiência para poderem competir com os estrangeiros. Ao mesmo tempo, o fosso entre os países desenvolvidos e os países em desenvolvimento é visto como uma força da "força de trabalho global". Os países desenvolvidos têm um crescimento rápido no sector dos serviços, enquanto alguns países em desenvolvimento conseguem produzir pessoas com formação mais rapidamente do que a sua economia. Isto obriga-os a imigrar.

A última força é quando tudo está a mudar rapidamente, quando a certeza é a incerteza. As sete forças acima mencionadas terão a sua tendência alterada muito rapidamente. A organização precisa de ser estimulada a ter a sua própria KM para sobreviver dentro de alguns anos (Marquardt, 2002). A fábrica de processamento é também conhecida como uma fábrica que tem como objetivo produzir um produto através da reação ou separação química/biológica. Este tipo de instalação é normalmente construído em grande escala. A indústria de instalações de processamento tem uma vasta gama de produtos, incluindo instalações químicas, de polímeros, farmacêuticas, algumas de alimentos e bebidas, centrais eléctricas, instalações de refinação de petróleo ou outras refinarias, processamento de gás natural, instalações bioquímicas, tratamento de água/águas residuais. A fábrica de processamento necessita de equipamento/instrumento, unidades e tecnologia especializados no processo de fabrico. Estas instalações produzem o produto que é necessário diariamente. O seu produto é fundamental tanto para a indústria como para o lar. Por isso, o crescimento da economia afecta diretamente o negócio da construção de instalações de processamento (Wikipedia, 2013).

Do ponto de vista da indústria da construção, a construção de uma fábrica de processamento pode ser executada simplesmente no caso de ser um projeto duplicado da unidade existente, mas para diferenciar o processo de construção de uma fábrica de processamento do campo geral da engenharia, são abordados os seguintes factores: o projeto único, a variedade de equipamentos, os requisitos especializados, o funcionamento perigoso, o crescimento tecnológico, o calendário do projeto.

O design único está sempre presente, mesmo que a fábrica tenha a mesma tecnologia ou um design duplicado, cada fábrica é inevitavelmente concebida para otimizar a sua aplicação com base nas suas circunstâncias, tais como matéria-prima, fonte de água, capacidade, impacto ambiental e etc. Juntamente com a conceção única, a variedade do equipamento está sempre presente. Todo o equipamento na conceção da fábrica deve estar em conformidade com as caraterísticas operacionais, a sua dimensão e também com os requisitos de normas como a American Society for Testing and Materials (ASTM), a American Society of Mechanical Engineers (ASME) e o American Petroleum Institute (API). Pode haver mais de mil itens na dimensão média da fábrica, cada um dos quais tem a sua própria especificação. Mesmo tratando-se do mesmo equipamento, a natureza da sua matéria-prima pode fazer com que as suas especificações sejam diferentes.

Por isso, na construção de instalações de processamento, o especialista com experiência é uma obrigação. Os especialistas, ou geralmente designados por engenheiros disciplinares, são obrigados a produzir actividades coordenadas na conceção e também na gestão do projeto de construção. Não só a sua qualificação em termos de conhecimentos específicos, mas também a sua capacidade de serviço, devido à natureza do projeto de construção, em que o trabalho é sempre apressado.

As instalações de processamento destinam-se normalmente à indústria petroquímica ou à produção de produtos químicos, que libertam resíduos perigosos durante o seu funcionamento. Os resíduos podem ser gases, líquidos ou lixo contaminado com produtos químicos. Por conseguinte, as práticas de funcionamento seguro devem ser integradas no membro da equipa de operação antes do processo de entrada em funcionamento. São conhecidas como "Plano de Operação Padrão" (SOP) e "Plano de Operação de Emergência" (EOP). A formação terá de ser repetida várias vezes para que os operadores estejam preparados para qualquer caso inesperado. Mesmo os operadores experientes continuam a ter de frequentar todas as acções de formação necessárias devido ao crescimento da tecnologia. A experiência dos operadores pode não ser suficiente para gerir outra fábrica, mesmo que se trate de uma fábrica do mesmo produto. Com o mesmo produto, cada fábrica pode ser diferente numa única unidade ou em toda a fábrica devido à melhor tecnologia substituída, o que é visto como a sua singularidade.

É fácil acelerar o projeto através da disponibilização de mais recursos. De alguma forma, para encurtar o calendário na construção de uma fábrica de processamento, a falta de recursos nem sempre é a razão do atraso. Por conseguinte, não pode ser executado através da adição de mais recursos. As sequências do projeto são específicas. No entanto, é possível acelerar o projeto alterando a lógica do calendário, o que pode custar ou estar em risco. Por conseguinte, a alteração da lógica deve ser muito cuidadosa, ponderada e equilibrada em relação aos benefícios. O gestor do projeto será devidamente responsável por esta questão. O prazo não só afecta o efeito do projeto, como também a sua reputação. Esta é a razão pela qual as empresas pagam o incentivo para a conclusão antecipada. Normalmente, o incentivo é mencionado no contrato com base no simples facto de que quanto mais cedo a fábrica puder funcionar, mais rápido será o retorno do dinheiro. Especialmente nos projectos de manutenção ou de ampliação das instalações, em que é necessário encerrar uma parte das instalações em funcionamento.

O projeto de construção é conhecido como "Execução no local". Trata-se de uma disposição fixa, de fabrico. Todos os recursos relacionados devem estar no local, incluindo algumas equipas de apoio necessárias, como a administração e o controlo de documentos. Isto pode ser visto como uma nova configuração do local de trabalho. Pode ser temporário durante a construção, mas será permanente mais tarde, quando chegar a fase operacional (Watermeyer, 2002).

Geralmente, o progresso do projeto de construção de uma fábrica de processamento pode estar adiantado em relação ao seu calendário, caso a pessoa-chave na fase inicial trabalhe em conjunto. Um investidor acaba de obter autorização para aumentar a capacidade da sua fábrica. Neste caso, a construção de uma fábrica será mais rápida e haverá menos problemas. Por outro lado, ao construir uma nova fábrica em que a equipa pioneira não tem experiência de trabalho em conjunto, os riscos podem aumentar devido à nova configuração de cada função de trabalho. Isto indica que a experiência é a chave do sucesso do projeto de construção de uma fábrica de processamento.

Na perspetiva da gestão do conhecimento, verifica-se que a experiência, conhecida como conhecimento tácito, deve ser partilhada entre a equipa. Qualquer falha de comunicação ou falta de partilha de conhecimentos provoca um retrabalho. O retrabalho é a principal razão do excesso de custos e do atraso do projeto (BektaS et al., 2010). O sinal deste tipo de problema pode ser um mal-entendido no âmbito do trabalho do projeto, um mal-entendido no projeto concetual, uma falta de comunicação entre o projeto concetual e o projeto de engenharia, falta de informação sobre o processo, etc. No caso do projeto de construção de uma fábrica de processamento, o conceito de sequência do projeto segue o passo da figura 1.

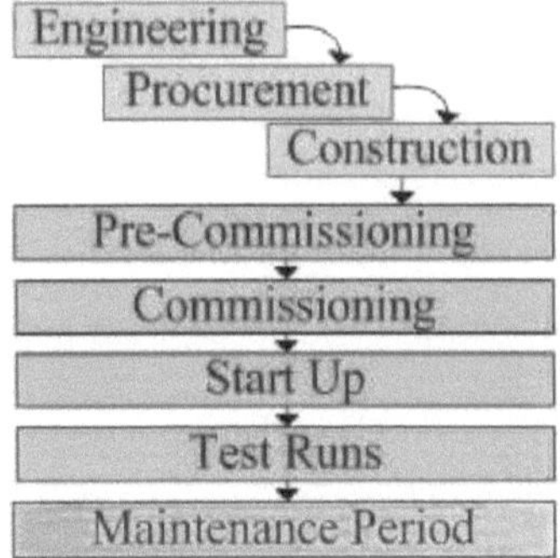

Figura 1: Prática geral no projeto de construção de uma fábrica de processamento

Fonte: Marsh e McLennan (2012)

A figura 1 mostra as sequências de construção da fábrica de processamento. Para a informação técnica, parte-se da equipa de engenharia, da equipa de construção e, por fim, da equipa de manutenção que se encontra na fase de operação. A possibilidade de perda de informação durante a transferência de trabalho entre equipas é capturada.

Na indústria mundial de construção de instalações de processamento, cada organização está a tentar superar cada dificuldade e força, mantendo a própria organização a aprender a ser a "organização de aprendizagem", que é uma organização ideal onde a organização pode manter a sua qualidade e produzir a inovação. Neste estado, a organização será capaz de sobreviver no mercado. Para ser uma organização que aprende, a organização precisa de estar a aprender, o que se designa por "aprendizagem organizacional". Esta estratégia foi definida por Argyris e Schon em 1978, segundo os quais a aprendizagem organizacional é o processo de deteção e correção de erros. Durante o processo, os indivíduos actuam como agentes para transmitir o conhecimento. Em 2001, Smith definiu a aprendizagem organizacional como a capacidade de uma organização para recolher e compreender a partir de experiências através da experimentação, observação, análise e vontade de examinar tanto os sucessos como os fracassos. Pode concluir-se que a capacidade de aprendizagem individual é o conceito-chave da aprendizagem organizacional (Caldwell, 2005).

Declaração do problema

A gestão das organizações tem-se debruçado sobretudo sobre a política e a estratégia devido à falta de compreensão da importância da palavra política e estratégia. Muitas empresas entendem que a política e a estratégia são as regras que todos têm de seguir. A sua política e estratégia não estimulam os seus colaboradores a criar e partilhar o conhecimento, mas sim a enquadrar as suas ideias. Os problemas são detectados depois de a política e a estratégia terem sido lançadas ou, pior ainda, quando a gestão não é capaz de detetar este tipo de problemas. Em qualquer organização, a gestão não reconhece o que precisa no início do arranque do projeto, porque não é diretamente rentável

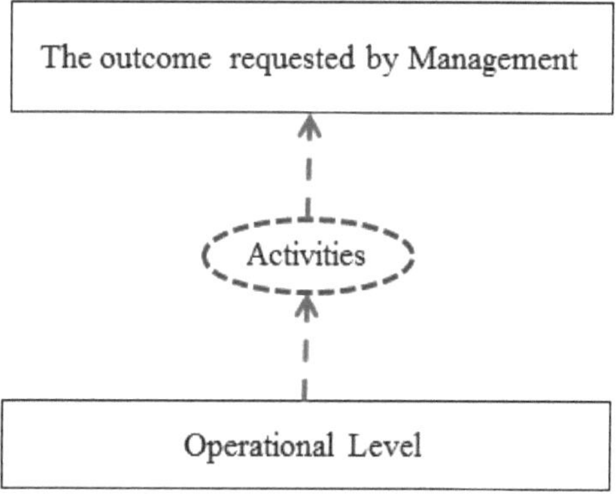

Figura 2: Processo de criação de actividades

Na figura 2, geralmente na organização proprietária, a direção da organização faz com que o seu pessoal realize o trabalho para atingir o seu objetivo sem orientar se a própria direção é capaz de orientar ou não. A direção só sabe o que precisa para o desempenho da organização. Não se apercebeu do método para obter o resultado que, criado pelos funcionários, pode levar a um pior desempenho. Atualmente, a gestão enfrenta o problema de não ser capaz de identificar o modo como as actividades afectam o desempenho da organização. As actividades são, na sua maioria, criadas livremente pelo seu pessoal. A falta de interesse da gestão nos pormenores da criação das actividades centra-se sobretudo nos resultados. Nessa altura, seria demasiado tarde para evitar o problema, pois não se apercebem da existência de riscos quando algumas actividades necessárias são ignoradas ou quando algumas actividades têm resultados negativos.

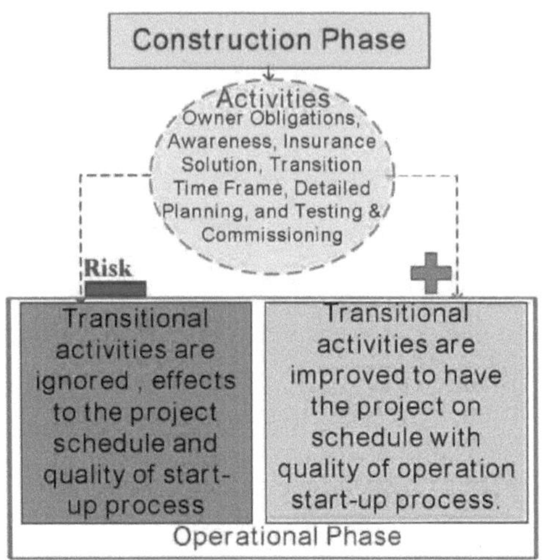

Figura 3: Impacto das actividades no desempenho organizacional

Na figura 3, durante o processo para alcançar o resultado, as próprias actividades actuam como o meio para a transferência de conhecimentos. O conhecimento é transferido através das actividades durante um processo de transição. As actividades criadas para alcançar a operação necessitam possivelmente de aumentar os riscos numa organização, riscos esses que podem obstruir todo o processo de transição da construção para a operação.

E a motivação dos indivíduos não é reforçada; pelo contrário, é enquadrada ou limitada. Para poder sobreviver no mercado, a organização precisa da criatividade de cada indivíduo e de a transferir e integrar na organização.

CAPÍTULO 2

OBJECTIVOS

O objetivo deste artigo é melhorar o desempenho da transferência de conhecimentos através da criação de uma estrutura de gestão de conhecimentos para a construção de uma fábrica de processamento durante a fase de transição da fase de construção para a fase de operação.

Âmbito da investigação

1) O estudo avalia a causa principal das actividades que conduzirão a um desempenho negativo na organização a partir de um questionário. O questionário foi concebido através de uma listagem aleatória das actividades que podem conduzir a cada tipo de risco em geral em muitas indústrias, para indicar a relação da causa com os elementos de conhecimento. Em seguida, o resultado será validado através de uma revisão da literatura sobre a causa raiz do insucesso na indústria da construção da Tailândia e de outros países.

2) Para construir o quadro de transferência de conhecimentos, as actividades relacionadas com a transferência de conhecimentos, desde a construção até à exploração, são enumeradas e investigado o fundamento de cada atividade na perspetiva da transferência de conhecimentos. Este quadro será verificado através de entrevistas a peritos e de pesquisas bibliográficas sobre os factores de transferência de conhecimentos.

CAPÍTULO 3

REVISÃO DA LITERATURA

Recentemente, em 2011, na altura em que a Espanha enfrentava a crise económica. Carolina Lopez e Angel L. Merno Cerdan estudaram a gestão estratégica do conhecimento, a inovação e o desempenho para encontrar as consequências estratégicas da gestão do conhecimento (GC) na inovação da empresa e no desempenho empresarial. Esta investigação aplicou a codificação e a personalização na estratégia de gestão do conhecimento, adoptada a partir de Hansen et al. (1999); Alvesson e Kerreman (2001); Hansen e Haas (2001); Flangin (2003); Inuzuka e Nakamori (2004). Esta investigação estudou a forma como a estratégia de gestão empresarial, ou seja, a codificação e a personalização, afectam a inovação e o desempenho da organização. A investigação sugeriu que o impacto da estratégia de KM no desempenho organizacional deve ser estudado em diferentes dimensões, tendo sido escolhidas três dimensões: 1.) Desempenho financeiro 2.) Desempenho dos processos 3.) Desempenho interno. Os inquéritos foram realizados em 310 empresas espanholas para testar o modelo da figura 1. Os resultados mostraram que tanto a codificação como a personalização têm impacto na inovação e no desempenho da organização. No entanto, a gestão estratégica da empresa tem um impacto direto maior na inovação, eficiência e eficácia (Nicolas e Cerdan, 2011).

A gestão do conhecimento foi explorada com base no RM para os projectos de tecnologias da informação por Samer Alhawari, Louay Karadsheh, Amine Nehari Talet e Ebrahim Mansour nos Estados Unidos. Esta investigação estudou a relação entre o MR e a gestão do conhecimento (KM) para fornecer um quadro concetual. Este quadro é designado por Gestão de Riscos com base no conhecimento, com o objetivo de melhorar a sua eficácia e a probabilidade de sucesso. Esta investigação recolheu a literatura e reinterpretou-a para realçar a integração da gestão do risco em projectos de TI. Este estudo fundiu as componentes de gestão do risco e de gestão do risco e apresentou o seguinte processo: conhecimento essencial, captura do risco com base no conhecimento, descoberta do risco com base no conhecimento, exame do risco com base no conhecimento, partilha do risco com base no conhecimento, avaliação do risco com base no conhecimento, repositório do risco com base no conhecimento e formação do risco com base no conhecimento. Esta investigação permite compreender claramente o processo de gestão do risco e de gestão do conhecimento, mostrando a inter-relação de factores importantes.

Nonaka, um profissional famoso no domínio da gestão do conhecimento, agrupou o conhecimento em dois tipos principais: o primeiro tipo é o "conhecimento tácito". O primeiro tipo é o "conhecimento tácito". O conhecimento tácito é difícil de exprimir por palavras, é um conhecimento de base experimentado graças ao seu contexto específico. Os exemplos de conhecimento tácito são as competências cognitivas, a intuição, as imagens, as vantagens e o modelo metálico, o know-how. O segundo tipo é designado por "conhecimento explícito". O conhecimento explícito é compreensível por palavras. Os exemplos de conhecimento explícito são o manual, a instrução de trabalho, o procedimento, a base de dados de informação. Estas duas formas de conhecimento podem ser convertidas uma na outra; são os chamados quatro modos de conversão de conhecimento de Nonaka. (Nonaka, 1994).

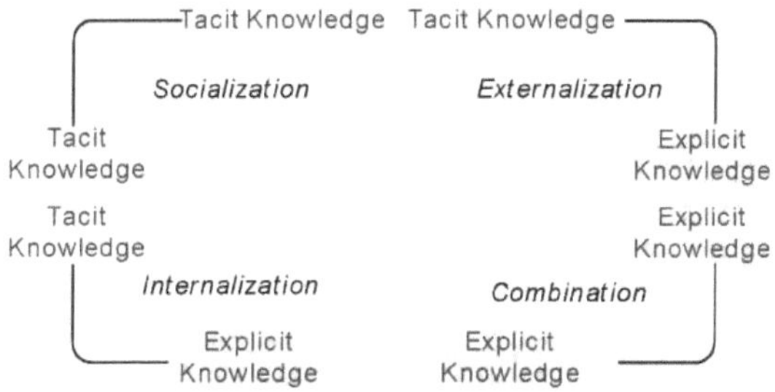

Figura 4: Os quatro modos de conversão do conhecimento de Nonaka

Fonte: Nonaka (1994)

Na figura 4, existem 4 processos de conversão principais que são a conversão do tácito e do explícito. A socialização é o processo de conversão entre o tácito e o explícito, ou seja, a transferência das experiências de uma pessoa para outra. A conversão é também captada através da interação com clientes, fornecedores e inquéritos a instalações ou locais. Não importa que esta conversão tenha ocorrido na organização. A ideia principal da socialização é a partilha de experiências que é feita individualmente.

A externalização é o processo de conversão do conhecimento tácito em conhecimento explícito. A externalização pode ter lugar a nível interno ou externo. Para a organização interna, a forma tácita pode ser ideias ou imagens ou, por outras palavras, é a própria articulação do conhecimento tácito. Para a organização externa, a forma de conhecimento tácito pode ser o conhecimento dos clientes, fornecedores ou, por outras palavras, é a tradução do conhecimento tácito de outros para uma forma explícita que seja facilmente compreensível.

A forma explícita de um conhecimento pode ser transformada noutra forma explícita através do processo designado por "combinação". O conhecimento explícito será transmitido por documento, correio eletrónico ou base de dados, incluindo reuniões e formação. Nesta fase de conversão, a tecnologia da informação é a mais útil. O conhecimento pode ser transformado rapidamente entre os grupos de uma organização. A internalização pode ser vista como uma experiência para atualizar o conhecimento explícito ou a prática e a simulação. Pode ser explicado que a internalização é o processo de transferência do grupo para o indivíduo. O modelo de conversão de quatro modos de Nonaka é definido como um processo em espiral. O modelo é uma espiral no sentido dos ponteiros do relógio que proporcionará uma maior compreensão e um conhecimento mais profundo.

No início de 1992, o modelo da Fundação Europeia para a Gestão da Qualidade (EFQM) foi introduzido para avaliar internamente o Prémio Europeu da Qualidade (Ho, 1995). Depois, o EFQM tornou-se famoso em muitas organizações como uma ferramenta para melhorar o sistema de gestão. O modelo EFQM é conhecido como um quadro de autoavaliação para identificar os pontos fortes e também as áreas que precisam de ser melhoradas, centrando-se nas actividades de uma organização (Harrington, 1991).

Na figura 5, o modelo EFQM baseia-se em cinco factores de promoção e quatro resultados. Os factores de promoção podem ser definidos como as actividades que uma organização realiza e os resultados podem ser definidos como aquilo que uma organização alcança. Por outras palavras, o facilitador é a causa dos resultados e o feedback dos resultados é utilizado para melhorar o facilitador. O fator facilitador e os resultados têm uma ponderação igual de 50 por cento. No entanto, cada critério tem um peso diferente (Michalska, 2008).

O modelo EFQM explica que os resultados excelentes dependem do desempenho, da sociedade, das pessoas e dos clientes. E estes resultados são alcançados pela política e estratégia de liderança, através de quatro factores, ou seja, pessoas, parcerias, recursos e processos (Dudek-Burlikowska e Szewieczek, 2007). Começando por um facilitador que é interno e não depende de um indivíduo, ou seja, a política e a estratégia. A política e a estratégia são conhecidas como a primeira questão importante a reconhecer.

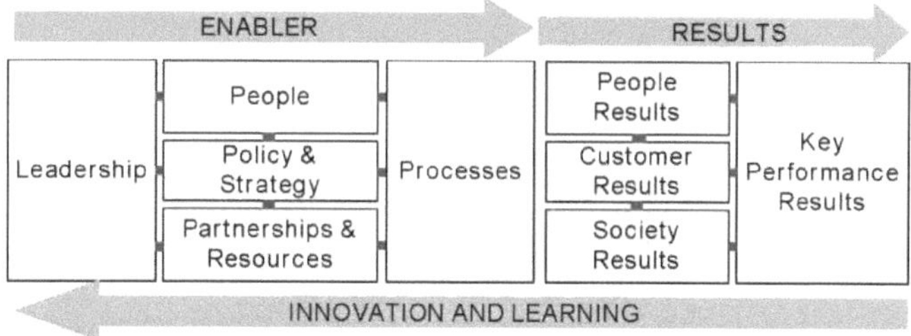

Figura 5: EFQM, o Modelo de Excelência

Fonte: Michalska (2008)

Poucas organizações são capazes de o tornar tangível. A política e a estratégia são facilmente definidas como o método de implementação da missão e da visão. A política e a estratégia numa organização devem ser estabelecidas para estimular, mas não para controlar, de modo a que uma organização seja encorajada a aprender através de uma diretiva estratégica. A política e a estratégia devem também garantir a existência de mecanismos de transferência de lições, o que fará com que as pessoas vejam claramente que a sua capacidade é superior ao que fizeram e que não devem ficar satisfeitas com o seu resultado atual.

O conceito de gestão do conhecimento tem três elementos-chave que são as pessoas, os processos e a tecnologia. Estes três elementos-chave estão sempre juntos e são afectados, em certa medida, pela política e pela estratégia. Por conseguinte, o fornecedor da política e da estratégia deve ter em consideração a implementação de qualquer estratégia. A maioria das organizações falhou na abordagem holística da implementação estratégica (Bhatt, 2000).

Figure 6 ilustrou o peso dos elementos do conhecimento de forma diferente sobre estes três elementos. No esforço total, a tecnologia é 10%, o processo é 20% e as pessoas são 70%. A tecnologia é tangível e mais fácil de implementar. No entanto, só quando as pessoas se aperceberem dos benefícios é que a tecnologia e o processo serão úteis (Bhatt, 2000).

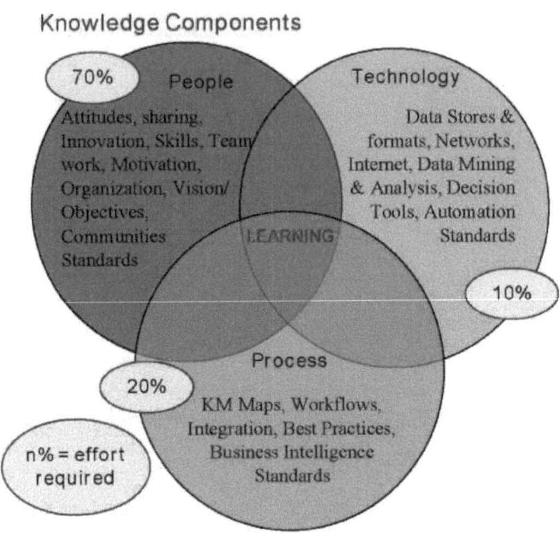

Figura 6 Gestão do conhecimento Componentes e subelementos

Fonte: Bhatt (2000)

Contribuições para a investigação

A presente investigação fornece uma panorâmica geral do objetivo, como se segue:

1) A identificação das actividades de uma organização resultará na orientação para desenvolver a organização em termos de componentes do conhecimento para o nível operacional onde o resultado é produzido. A gestão estratégica será capaz de indicar sistematicamente as suas actividades para adquirir a capacidade de gestão do conhecimento. O desenvolvimento da gestão do conhecimento numa organização irá melhorar a competitividade da organização.

2) Ao compreender o rácio do elemento-chave do conhecimento numa organização, que pode afetar o processo de transferência de conhecimento tácito no

modelo de conversão de Nonaka, o conhecimento tácito numa organização será recolhido e instalado com um melhor processo de gestão do conhecimento. E isto irá melhorar a competitividade da organização.

CAPÍTULO 4

MATERIAIS E MÉTODOS

Este capítulo apresenta uma panorâmica da metodologia de investigação, incluindo a recolha de dados, as abordagens de análise e os conceitos utilizados para testar a aplicabilidade dos modelos.

Materiais

O material utilizado divide-se em dois grupos principais:

1. Hardware

É utilizado um computador pessoal, CPU core i5, Ram4GB para recolher os dados em bruto e processar os resultados estatísticos.

2. Software

O Microsoft Excel é utilizado para recolher dados e criar tabelas para esta investigação e questionário

O SPSS versão 17.0, para Windows, é utilizado para analisar os dados estatísticos e criar o modelo

O Microsoft Word é utilizado para criar este documento de investigação e uma parte do questionário.

Métodos

Este capítulo apresenta uma panorâmica da metodologia de investigação que segue o fluxograma da figura 7.

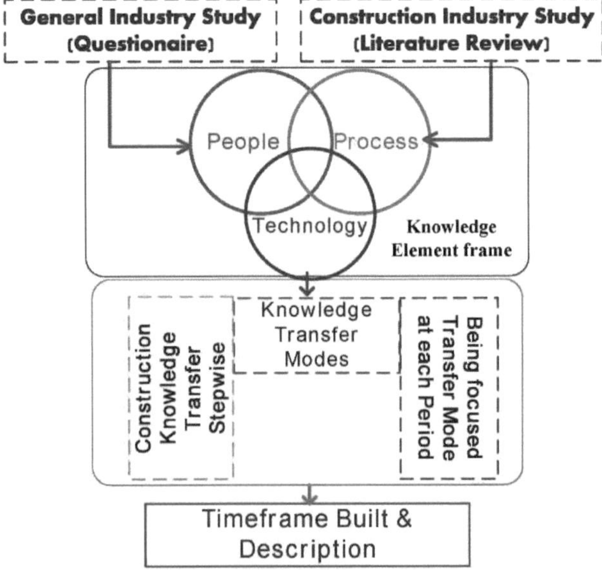

Figura 7 Metodologia concetual da investigação

1. Revisão da literatura e inquérito - Estudo industrial geral

Esta investigação começou com o facto de a gestão do conhecimento ser ignorada durante o projeto de construção de uma fábrica, onde existem muitos conhecimentos e experiências que têm de ser geridos. E ignorar a gestão do conhecimento também pode levar a uma fase de risco do projeto. Por conseguinte, foram revistas as literaturas relacionadas com a gestão do risco e a gestão do conhecimento para elaborar o questionário. As perguntas tinham preparado as circunstâncias que levariam a organização ao estado de risco para cada tipo de risco e cada circunstância é apenas as circunstâncias que podem ocorrer no projeto industrial de construção. A partir da revisão da literatura, verifica-se que o principal esforço necessário para a transferência de conhecimentos é a KE das pessoas. Para descobrir a causa principal dos problemas, foi aplicado um questionário. Um estudo realizado na Índia revelou as principais barreiras à conclusão do projeto e estas barreiras foram agrupadas com base na função do trabalho no projeto (VYAS, 2013). Outra literatura é do Egito, onde as causas dos atrasos foram agrupadas em função da parte responsável (Aziz, 2013). Os factores destas duas literaturas foram categorizados nos tipos de risco. Há um total de 41 circunstâncias para 8 tipos de risco. O inquérito pretendia abordar a relação entre o risco de cada situação negativa e os factores-chave, que são as pessoas, os processos e a tecnologia. As perguntas de cada circunstância foram listadas para determinar a gravidade das circunstâncias, sendo a gravidade definida como o produto da frequência e da criticidade da circunstância. E a gravidade média de cada tipo de risco é designada por "Índice de Risco" (IR).

$$RI = \frac{\sum_{i=1}^{N}(C \, x \, F)_i}{N} \qquad ...(1)$$

Onde; C é a criticalidade

F é Frequência

N é o número total de perguntas respondidas

Devido à natureza da indústria de construção de instalações de processamento, trata-se de uma organização temporária. A maioria das pessoas neste sector não se habitua à gestão de organizações. No entanto, sabem com que organização se sentem confortáveis para trabalhar. Por isso, o inquérito foi realizado aleatoriamente em vários tipos de empresas. Em seguida, a análise da relação entre o RI e o elemento conhecimento foi estudada através da aplicação do qui-quadrado.

2. Teste de associação do qui-quadrado

O qui-quadrado foi um método estatístico utilizado para testar a independência entre o índice de risco de cada tipo de risco - variáveis de independência e o elemento de conhecimento - variáveis de dependência.

As variáveis dependentes são;

RIi = Índice de risco de cada i;

Onde i são 7 tipos de risco - Capital Humano, Estratégia, Reputação, TI, Finanças, Mercado, Risco Natural

As variáveis independentes são;

Xj = Tipo de elementos de conhecimento

Onde j são 3 elementos de conhecimento - Pessoas, Processo, Tecnologia

As hipóteses foram enunciadas a seguir;

H0 : RIi é independente de Xj

H1 : RIi é dependente de Xj

Onde H0 é a hipótese nula e H1 é a hipótese alternativa. Assim, havia um total de 21 hipóteses entre o RI e o KE. Se H1 for aceite, isto é, as duas variáveis estão relacionadas. O nível de dependência entre o par de variáveis pode ser determinado utilizando a equação padrão do Qui-Quadrado;

$$X^2 = \sum\sum\frac{(O_{ij}-E_{ij})^2}{E_{ij}} \qquad \ldots(2)$$

Onde os índices i e j são as linhas e colunas da tabela. A estatística de teste resultante de 2

a fórmula da esquerda é aproximadamente distribuída como X em (r - 1) (c - 1) graus de liberdade. Os testes foram determinados com 95% de confiança ou com um valor p inferior a 0,05.

3. Validações de resultados

Após a identificação do efeito de cada elemento no risco, para validar o resultado para a indústria de construção de instalações de processamento, foram revistas 10 literaturas que mostram os factores do projeto. Foram estudados 3 estudos sobre o fator num projeto de construção na Tailândia em 1996, 2004 e 2011. As restantes são sobretudo do Médio Oriente e do Sudeste Asiático.

Table 1 Lista de literaturas para validação de resultados

Country	Year of Research	Topic	Number of Factors
Thailand	1996	Construction delays in a fast growing economy: comparing Thailand with others (Ogunlana, Promkuntong, and Jearkjirm, 1996)	26
Thailand	2004	Critical factors influencing construction productivity in Thailand (Makulsawatudom and Emsley, 2004)	23
Saudi Arabia	2005	Causes of delay in large construction projects (Assaf and Al-Hejji, 2006)	73
Malaysia	2006	Causes and effects of delays in Malaysian construction industry (Sambasivan & Soon, 2007)	28
Ghana	2010	Delays in Building Construction Projects in Ghana (Fugar and Agyakwah, 2010)	32
Thailand	2011	Factors Affecting the productivity of the construction Industry in Thailand: the project managers perception (Makulsawatudom, Emsley , and Sinhawanarong, 2001)	23

Quadro 1 (continuação)

Country	Year of Research	Topic	Number of Factors
Tanzania	2012	Causes and effects of delays and disruptions in construction projects in Tanzania (Kikwasi, 2012)	21
Egypt	2013	Ranking of delay factors in construction projects (Aziz, 2013)	99
India	2013	Causes of Delay in Project Construction in Developing Countries (VYAS, 2013)	85
		Total	453

Uma vez determinada a relação entre cada tipo de risco e a KE, foi utilizada a revisão da literatura para o projeto de construção industrial para validar os resultados da relação. As literaturas selecionadas são as investigações que estudaram a importância dos factores de fracasso ou de sucesso do projeto de construção. Todos os factores foram categorizados nos KEs. Este resultado pode validar a causa do insucesso no projeto de construção, que também pode ser determinada com base no estudo geral quando foi agrupada em KEs.

As 10 investigações escolhidas no quadro 3 foram retiradas dos factores e agrupadas cada fator nos EC com base no quadro seguinte;

Table 2 Palavra-chave da categoria para validação

No	Specific Causes in Construction Industry	People	Process	Tech.
1	**Delay by Specific Decision Making**– Inspectors, 3rd Party, Construction Manager, Project Manager, Owner, Approval, Consultant	✓		
2	**Individual** – Ability, Person, Capability, Attitude, Personal Conflict, Culture, nationality, Bureaucracy, Motivation, Rigidity among them, Teamwork, Understanding of individual profile, Incentive, Bonus	✓		

Quadro 2 (continuação)

No	Specific Causes in Construction Industry	People	Process	Tech.
13	**Poor use of software** – advanced engineering design, documentation, Records, No invest for software, No ability to use software	✓		
4	**Design Drawing/Specification Error or changes** – Inadequate info for construction, mistaken in calculation,	✓	✓	
5	**Improper Project Preparation** – Bidding, Improper Contract Clauses, Project Management Procedure, Legal Disputes among parties , Change orders or Variation order, Insufficient data collection and survey, Vendor/Contractor Evaluation , Poor cash flow, Poor Credit, Unqualified person/team/Contractor, Organization Chart, poor organization culture	✓	✓	
6	**Daily Tasks/ Site Management** – Time Management, Delivery, Site permit/Clearance, Delivery, Mobilization, Poor quality/Damage of Material/ Equipment, Daily discussion, Productivity, resource utilization. Site management, Site Layout, Site Condition, Supervision, Theft, Safety, Financial control on site, Payment Delay, Approval method, purchasing method, Inventory Control, Loss time	✓	✓	
7	**Poor Communication** – Among parties or Workers, poor coordination, poor socialization,	✓	✓	✓
8	**Poor Project Management** – Inappropriate organizational structure, Working hours, Overtime working, Decision Making, Instruction Delay, compensation issues, Contract Management, Procurement	✓	✓	✓

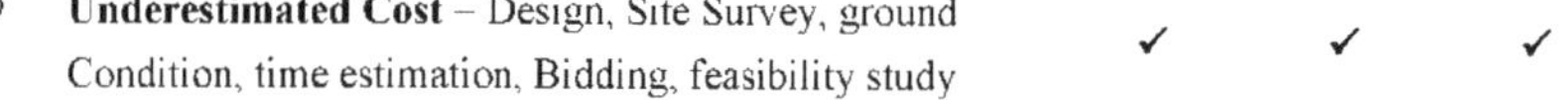

	Process, Master Schedule, Lack of Resources			
9	**Underestimated Cost** – Design, Site Survey, ground Condition, time estimation, Bidding, feasibility study	✓	✓	✓

Cada fator foi medido em percentagem e aplicado no quadro KE de Dilip Bhatt.

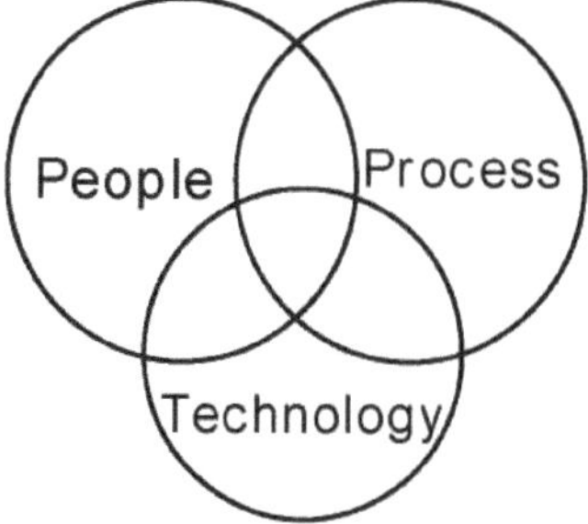

Figura 8 Quadro dos elementos de conhecimento

Fonte: Bhatt (2000)

Na Figura 8, os factores de fracasso do projeto serão categorizados no quadro de elementos de conhecimento com base na palavra-chave da tabela 2. O resultado validado foi aplicado para construir a estrutura para a fase de transição do projeto, na qual o conhecimento também é transformado e transferido durante todo o projeto. A estrutura foi criada para resolver o problema da perda de conhecimentos numa organização da indústria de construção de instalações de processamento.

4. Construção do quadro e verificação do quadro

A informação do inquérito foi utilizada para construir o quadro para a gestão do conhecimento durante o projeto de construção, juntamente com a verificação por entrevista de pessoas experientes, com base na teoria fundamentada. Foram utilizadas três perguntas abertas como tópico de discussão;

- Como é o estado de transição entre a construção e a exploração?
- Como é o processo de transição bem sucedido?
- Quais poderão ser os factores que podem falhar a transição?

Na primeira pergunta, o objetivo era fazer com que os entrevistados interpretassem o processo de transição do projeto de construção com base na sua própria experiência. Em pormenor, também foram realizadas perguntas menores para obter mais opiniões, tais como "como/quando se inicia o processo de transição", "quais são os processos relacionados", "quem é a pessoa responsável por iniciar a transição", "existe alguma teoria/método/prática específica relacionada com o processo de transição", "todos os documentos relacionados com o processo têm de estar completos antes de ocorrer a transição". A segunda pergunta tem como objetivo alargar a compreensão do indicador de sucesso da transição. Esta questão também pode fornecer os detalhes de quando o processo de transição está concluído e como é que a atividade durante o processo afecta a organização. A terceira questão tem como objetivo compreender os problemas que podem ocorrer durante o processo de transição. As questões relacionadas que podem ser conduzidas são: "Em que processo a transição tem a possibilidade de falhar", "Qual pode ser a ferramenta para evitar a falha da transição"

O enquadramento e a entrevista foram processados em paralelo. Ajustar o quadro durante a entrevista com base na teoria fundamentada que as experiências podem ser adoptadas num quadro. O quadro construído é finalmente verificado pela revisão da literatura sobre as dificuldades da transferência de conhecimentos.

CAPÍTULO 5

RESULTADOS E DISCUSSÃO

Resultados

Esta parte apresenta os resultados da investigação que consistem em três partes baseadas nas seguintes etapas da investigação;

1. **Inquérito ao estudo industrial geral**

Estudar a relação entre o KE e o RI que pode ocorrer na indústria de processos de construção de instalações de processamento. Os resultados de cada tipo de risco são determinados na tabela 3.

Quadro 3 Valor P das hipóteses

Risk Type	People	Process	Technology
Human Capital	0.747	0.016	0.23
Strategy	0.014	0.131	0.478
Regulation	0.111	0.083	0.200
Reputation	0.618	0.056	0.242
IT	0.01	0.597	0.501
Market	0.035	0.026	0.091
Finance	0.178	0.625	0.146
Natural Hazard	0.031	0.302	0.64

A Tabela 3 mostra o valor p de cada hipótese. Estas hipóteses foram testadas com um nível de confiança de 95%. A relação está relacionada quando o valor de p é inferior ao nível de significância de 0,05. A partir da tabela 3, o valor de p mostrado que o RI foi influenciado pelo KE está resumido na tabela 4.

Na tabela 4, o resultado mostrou que havia 4 RIs que foram influenciados pela chave de "pessoas" e havia apenas 2 RIs que foram influenciados por "Processo", no entanto, um deles é o RI de capital humano. A tecnologia, enquanto elemento-chave, não mostrou o seu efeito nas actividades de IDI. Considera-se que a própria tecnologia necessita sempre da capacidade humana para a compreender e utilizar.

Quadro 4 Resumo da relação entre o índice de risco e o elemento de conhecimento

Risk Type	People	Process	Technology
Human Capital		✓	
Strategy	✓		
Regulation			
Reputation			

IT	✓	
Market	✓	✓
Finance		
Natural Hazard	✓	

Além disso, a reputação e o RI financeiro não foram influenciados pelo conhecimento. A reputação no projeto de construção de uma fábrica de processamento é muito importante no aspeto da qualidade e do nível de serviço devido à natureza deste negócio. Além disso, as pessoas com experiência neste negócio conhecem a reputação como a qualidade em primeiro lugar e como a responsabilidade pela segurança e pelo ambiente, enquanto o RI financeiro é normalmente visto, no projeto de construção de uma fábrica de processamento, como a flutuação inesperada do preço dos materiais. Este caso ocorre quando o projeto está atrasado em relação ao calendário, pelo que o fornecedor não pode manter o preço devido à força do mercado. O regulamento é a tarefa que tem de ser estudada e preparada antes do projeto, o que é claramente visível nesta fase, que depende da capacidade da equipa de preparação do projeto. Por conseguinte, pode concluir-se que as pessoas, tal como o KE, são o principal fator para o negócio de construção de instalações de processamento.

2. Validação de resultados

Para validar o resultado do teste estatístico para a relação do RI e os ECs, foram revisadas as pesquisas que estudaram os fatores de gerenciamento de projetos. As literaturas selecionadas na tabela: foram revistas, o resultado é apresentado na figura seguinte;

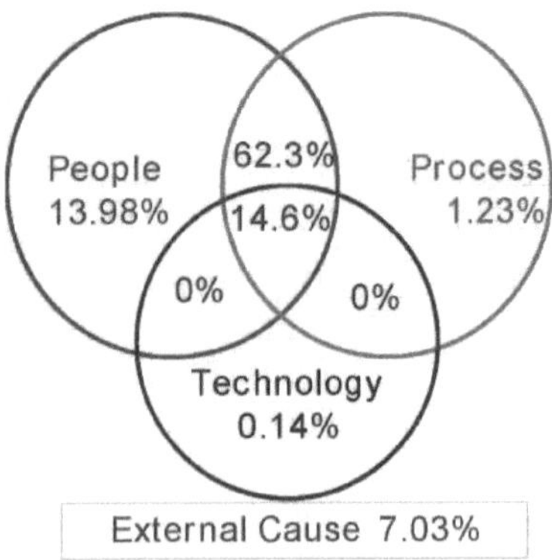

Figura 9 Validações dos resultados do inquérito

A Figura 9 ilustra que a percentagem mais elevada de 62,3% corresponde à combinação entre pessoas e processos.

É evidente que, para gerir e controlar o projeto, as pessoas devem trabalhar de forma sistemática.

Trata-se de uma estratégia indivisível. A combinação de todos os elementos-chave que são as pessoas, o processo e a tecnologia, com uma percentagem de 14,6%, e o fator isolado das pessoas, com uma percentagem de 13,98%, podem ser considerados como a segunda prioridade. A tecnologia foi o elemento que não teve efeitos no teste estatístico; de qualquer modo, foi uma parte importante para apoiar o processo e ajudar as pessoas. Por este motivo, a combinação de 3 EC é a segunda prioridade.

3. Construção do quadro e verificação do quadro

O quadro para a transferência de conhecimentos na construção de uma fábrica de processamento foi construído com base nos 4 modos do processo de transferência de conhecimentos de Nonaka, que são mostrados na figura 4, e na transferência de conhecimentos por etapas no projeto de construção de uma fábrica de processamento, que são listados abaixo;

1. Designar a pessoa líder para apresentar o plano de transição.
2. Iniciar a construção da operação para o nível de supervisor
3. Começar a recrutar operadores e iniciar a formação
4. A equipa operacional coopera plenamente com a equipa de construção para a aceitação sistemática dos trabalhos de construção
5. A equipa de operação deve estar completa com a capacidade de gerir a fábrica
6. Mais formação prática depois de adquirir novos conhecimentos/experiência após o projeto - Encerramento
7. Acompanhar e analisar o desempenho da fábrica para identificar os pontos a melhorar
8. Fornecer um quadro para otimizar a fábrica
9. Implementar o quadro
10. Continuar sempre a treinar.

O exemplo das principais tarefas incorridas em cada fase do projeto foi indicado com base no processo de transformação do conhecimento. O resultado foi apresentado na figura 10.

Project Stepwise	Socialization	Externalization	Combination	Internalization
1	To work with construciton Team	Building Plan and Framwork		Study to understand the plant in detail
2	Leader work with his direct subordinate	Keyman study providing training doc.	Keyman study the plant in detail and get this info to provide training doc.	Keyman must understand his responsibility scope in detail.
3	On the job training by the keyman	Continue working on training class	Revise the doc if needed	
4	All keyman level share the expereinces	All specific technical which could cause the problem in the future must be recorded.		
5, 6	On the job training by the keyman. Practical/Verbal Test can be applied.		Provide SOP,MOP,EOP, Work Instruction, form and etc.	Ensure that all team member understand all realted doc. Paper test can be applied.
7		Team member keep sharing expereinces and Revise the related document if needed		
7	Re-training	Record all trouble shooting		
8				Collect and analyze the related data.
9			Plan to improve	
9		Implement the plan		
10	New plan of training to improve the process.			

Figura 10 Construção do quadro inicial

A figura 10 representa a construção do quadro inicial. Depois de analisar a transferência de conhecimentos passo a passo, verificou-se que, no início do processo, no passo 1-2, designado por criação do chefe de equipa, o conhecimento foi transformado em 4 processos em conjunto. Este foi um guia para abordar a qualificação do nível de líder e supervisor.

Com base nas entrevistas, este cargo, na Tailândia, é normalmente desempenhado por um diretor de produção ou COO que, na maioria dos casos, não conseguiu assegurar a transferência de conhecimentos devido à sua capacidade. Para o diretor de produção ou o COO, estes cargos centram-se no sistema de gestão.

Enquanto o líder da gestão do conhecimento é responsável por receber todos os dados e informações e depois incorporá-los em cada indivíduo e organização, incluindo o plano de formação e a compreensão da matriz de competências de cada cargo. Este tipo de função é conhecido como "equipa de formação técnica". Nos países desenvolvidos, a equipa de outsourcing para a função de equipa de formação técnica é normalmente conhecida, como os EUA, o Japão, a China e Singapura. Na Tailândia, é difícil encontrar uma empresa que tenha esta equipa separada; a maioria dos membros da equipa foi contratada como membro da equipa operacional.

Para a equipa de formação técnica separada, esta equipa deve ser transferida para a "Equipa de Otimização de Processos", continuando a monitorizar o processo e a fornecer o plano de otimização. No entanto, algumas organizações estáveis chamam a si a mão de obra reformada, que possui conhecimentos explícitos e tácitos, para ocupar esta posição.

Na etapa 3-5 designada "Preparar a equipa", estar preparado é definido como ser capaz de lidar com o pior caso que se espera que ocorra. Os membros da equipa de operações devem estar preenchidos em todas as posições ou a pessoa responsável por cada função deve estar disponível. Além disso, cada indivíduo deve ser capaz de trabalhar com a equipa anterior - a equipa de construção - em cujo processo de socialização se incorre.

Cada membro da equipa tem de partilhar o seu conhecimento tácito e discutir abertamente, e é aqui que ocorre o processo de combinação. Para garantir que todos os membros estão preparados, cada indivíduo deve passar todos os testes necessários antes do início do comissionamento; este processo é visto como a internalização. Estes 3 processos de transferência de conhecimentos são processos que se sobrepõem. O próprio líder precisa de equilibrar estes processos. Com base na entrevista, o equilíbrio destes processos depende também da complexidade do projeto.

Na etapa 6-7, denominada "Recolha de Tácitos", ocorre durante o comissionamento até que o trabalho seja aceite pelo proprietário. Durante este período de tempo, todas as partes trabalham em conjunto para pôr a fábrica em funcionamento. Todo o problema é resolvido aqui em conjunto, e todo o problema deve ser recolhido sistematicamente para o funcionamento posterior da fábrica, uma vez que a natureza da fábrica de processo tem as suas próprias caraterísticas. Isto inclui a recolha de dados durante a construção e é capaz de destacar quais os dados que podem ser o problema no futuro para evitar o risco.

Nas etapas 8-10, estas etapas são processadas depois de a equipa de construção ter deixado o local. É aqui que o proprietário tem de desenvolver a sua própria propriedade. Estas etapas não são consideradas como transferência de conhecimentos, uma vez que já se encontram em fase de operação. Os 4 modos do processo de transferência de conhecimentos de Nonaka precisam de continuar a ser processados.

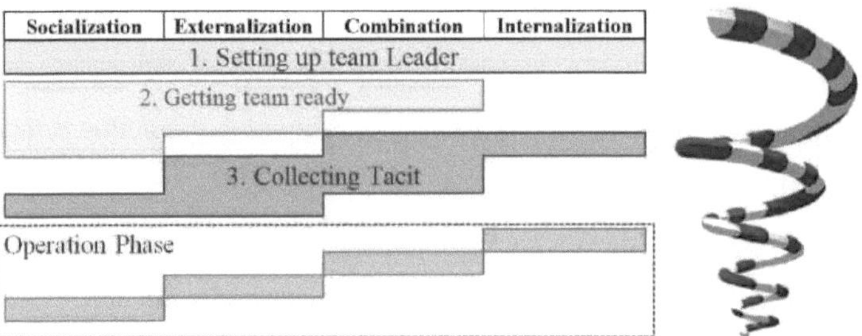

Figura 11 Fase de transferência de conhecimentos no projeto de construção da fábrica de processamento

A Figura 11 ilustra a fase resumida da transferência de conhecimentos no projeto de construção de uma fábrica de processamento. No entanto, deve ser reiterado que apenas quando cada passo não é ignorado e é processado com a preocupação da gestão. Cada passo deve ser considerado para assegurar o ciclo de transferência de conhecimentos.

O quadro 5 apresenta os pormenores dos modos de transformação do conhecimento em cada fase de transição. O modo focalizado é o modo que mais vale a pena em termos de investimento no processo.

Tabela 5 Descrições resumidas do quadro

Transition Stage	Related Person	All Related Modes	Mode to be focused
Setting up Team Leader	Team Leader (1st level) , his direct report staffs (2nd level) and Construction Team	4 modes	-
ing Tea m Rea	All Level	Socialization, Externalization, Combination	Socialization & Externalization
ecti ng Taci	Among all operation team members	4 modes	Externalization, & Combination

Quadro 6 Cronograma resumido

Transition Stage	Start time	End Time
Setting up Team Leader	Based on Progress (S-Curve), Piping Work, Complexity of a project.	Before the pre commissioning starts
Getting Team Ready	Members of Operations team Member and Complexity of a project.	Before the commissioning, start.
Collecting Tacit	Test Runs Result and Contractor's Demobilization	Before Startup

A partir do quadro básico, verifica-se que o quadro para a transferência de conhecimentos durante o estado de transição do projeto de construção da fábrica de processamento não seguiu o sentido dos ponteiros do relógio do modelo de Nonaka. Trata-se apenas de um processo que ocorre num determinado período de tempo.

Para que o quadro seja claro e prático, a transferência de conhecimentos por etapas é combinada com as etapas do projeto de construção, como se mostra na figura 12.

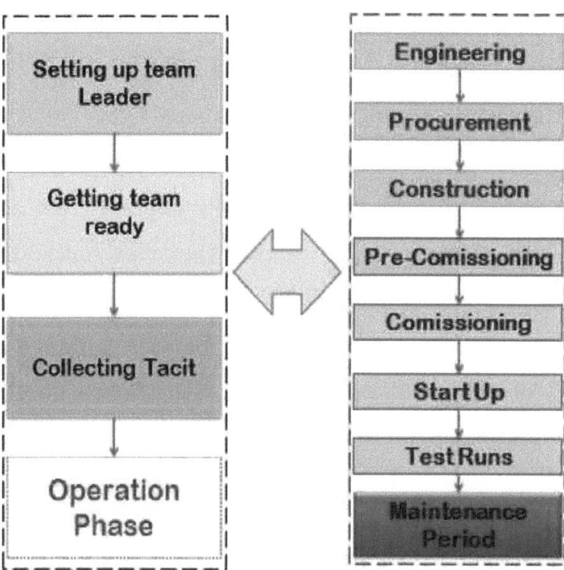

Figura 12 Transferência de conhecimentos por etapas vs. por etapas do projeto

A Figura 12 ilustra, de forma resumida, os 3 grupos de actividades que consistem em estabelecer o líder, preparar a equipa e recolher informação tácita, fazendo corresponder estes 3 grupos à fase atual do processo de construção da fábrica. E, ao mesmo tempo, entrevistando a pessoa experiente, tanto a nível operacional como a nível de gestão, as suas experiências foram partilhadas e aplicadas no quadro. Finalmente, o quadro foi produzido com linhas finais de 3 passos.

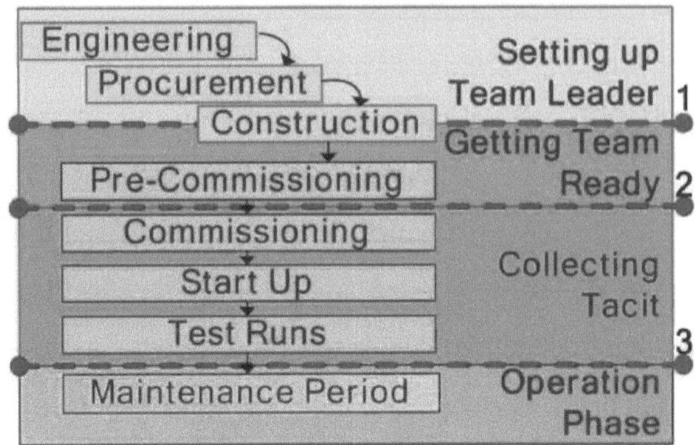

Figura 13 Calendário final da transferência de conhecimentos

A Figura 13 ilustra o momento final de cada etapa. Com base na entrevista, a tarefa no projeto de construção da fábrica de processamento não pode ser realmente fixada. Depende da complexidade do projeto.

Quanto mais complicado for o projeto, mais cedo deve começar o processo de transferência de conhecimentos ou mais cedo deve começar o processo de criação do chefe de equipa. Por outro lado, a linha final da etapa foi fácil de definir porque funcionou como uma restrição de que a tarefa tem de ser concluída para garantir a prontidão e não afetar a etapa seguinte.

A figura 14 mostra o momento adequado para iniciar o passo 1st - definir o chefe de equipa, que foi discutido durante a entrevista. Este processo deve começar quando o progresso global do projeto for de cerca de 50 a 75%, dependendo da complexidade do projeto. Também é mais fácil definir a linha de tempo de início com base na curva em S do projeto.

No entanto, sabe-se que, basicamente, para compreender a instalação do processo, a equipa de operação tem de compreender o sistema de tubagens. Por isso, o momento de ter o chefe de equipa não deve ser posterior ao início dos trabalhos de tubagem.

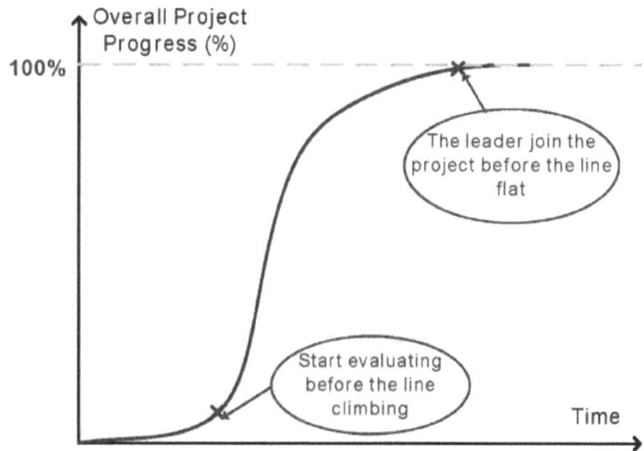

Figura 14 Configuração da fase de líder da equipa na curva S

A estrutura também está de acordo com pesquisas anteriores. A partir da figura 12, verifica-se que, durante o processo de transferência de conhecimentos, o quadro tem 5 passos sobre a socialização e a externalização e 4 passos sobre a combinação. Estes três modos de transferência de conhecimentos são os modos através dos quais os indivíduos transmitem os seus próprios conhecimentos a outros indivíduos ou à organização. Para que cada indivíduo esteja disposto a partilhar o seu conhecimento tácito ou explícito, é necessário que o ambiente de trabalho o apoie para que esteja num ambiente de aprendizagem. Para a organização temporária, a cultura organizacional é o fator que mais influencia a gestão do conhecimento e é vista como a compensação da falta de rotina organizacional e de memória organizacional (Lindner e Wald, 2011)

O quadro impediu o fosso de conhecimentos entre o emissor e o recetor ao indicar o método de recrutamento que deve começar com o chefe de equipa e seguir com o seu pessoal diretamente subordinado e a hierarquia seguinte. O fosso de conhecimentos é um dos factores que falham o processo de transferência de conhecimentos (Duan e Nie, 2010).

Discussão

Ao descobrir as EC que afectam o RI de 7 tipos de risco, pretende-se prevenir o risco através da criação de um quadro de transição do conhecimento e da indicação do processo de transferência de conhecimento correto e da EC a focar.

Os resultados da investigação revelaram que 5 dos 7 RI não estavam relacionados com o KE. Dois índices de risco independentes das KE são a reputação e o RI financeiro. Em discussão, estes dois elementos são o risco que afecta a qualidade do trabalho e, consequentemente, a própria qualidade do trabalho é diretamente afetada pela gestão do projeto. A gestão do projeto é uma das causas da classificação das causas de insucesso do projeto da tese, uma vez que é a estratégia do projeto, enquanto o RI da estratégia é afetado pela KE.

Quatro índices de risco estavam relacionados com o fator-chave "Pessoas". Apesar de existirem dois tipos de risco que podem ser classificados como causa externa - Mercado e Perigo Natural, a preparação para o pior caso continua a ser processada pelas pessoas. As pessoas são vistas como o principal valor da organização. Especialmente para a organização de projectos, que tem a natureza de uma organização temporária. As pessoas qualificadas são também vistas como a qualidade do projeto. A sua importância aqui é vista no estado de licitação técnica do projeto; o organograma e o currículo do membro são normalmente solicitados.

O RI do capital humano é o único RI que depende do KE do "Processo". O capital humano em si já é visto como a chave de "Pessoas". Isto mostra que a forma como as pessoas obtêm sucesso está relacionada com as próprias pessoas de forma inseparável. O processo de trabalho refere-se tanto ao processo de organização como ao processo de auto-gestão. Este facto reforça a importância da qualificação das pessoas.

Com o resultado, as RI relacionadas com o KE são vistas como pessoas diretamente afectadas e pessoas indiretamente afectadas. A revisão do processo anterior com o mesmo princípio é aplicada para validar o resultado. A causa dos insucessos dos projectos de 10 investigações é agrupada em ECs. A percentagem média mais elevada, de 62,3%, provém do elemento "Pessoas e processos". Reitera que as pessoas e o processo são elementos inseparáveis. As pessoas qualificadas trabalharão sempre em prol da qualidade.

A estrutura começa a ser construída com base na transferência de conhecimento passo a passo e no modelo de transferência de conhecimento de "Nonaka". Em seguida, o resumo da transferência de conhecimentos por etapas é indicado no seu período de tempo com base nas etapas do projeto de construção da fábrica de processamento.

O quadro mostra que todo o processo começa com o líder da equipa. No âmbito desta discussão, a seleção da pessoa qualificada para esta posição é o processo de iniciativa mais importante. No primeiro ciclo das actividades de transferência de conhecimentos, as principais actividades são iniciadas com a inserção na equipa anterior ou com a adição das actividades de trabalho à equipa existente, pelo que fazer com que as pessoas compreendam isto é uma parte do processo de socialização em que a personalidade de uma pessoa é muito importante. Tradicionalmente, na construção de instalações de processamento na Tailândia, no processo de qualificação, esta pessoa precisa de ser qualificada tanto em termos de competências técnicas como de competências de gestão. Entre as competências técnicas e as competências de gestão, não há provas de qual deve ser a ponderação na seleção da pessoa mais adequada.

O quadro indica também a hora de conclusão de cada etapa, o que não afectará o processo seguinte. Uma vez que este quadro é um quadro de transferência de conhecimentos, após a hora de conclusão, o processo de trabalho pode continuar. Esta investigação indica que o projeto que continua sem a conclusão da etapa de transferência de conhecimentos, o projeto continuará com riscos.

Embora o tempo de início de cada etapa não possa ser indicado, depende claramente da complexidade do projeto. Para estimar a hora de início de forma tangível no primeiro passo "Estabelecer o chefe de equipa", a curva S do progresso global e o calendário dos trabalhos de tubagem são aplicados em conjunto. No caso de a curva S global e o calendário dos trabalhos de tubagem indicarem uma hora de início diferente, o que normalmente significa que os trabalhos de tubagem começam antes de 75% do progresso global do projeto, a complexidade do projeto deve ser considerada cuidadosamente para dar tempo suficiente, no entanto, o passo 1st - estabelecer o chefe de equipa deve começar antes da entrega dos trabalhos de tubagem.

O segundo estado - "Preparar a equipa" - o tempo de início depende claramente do número de membros da equipa de operação. Quanto mais complexo for o projeto, maior será o número de membros da equipa, o que, naturalmente, exige mais tempo. A primeira hora de início deste estado é imediatamente após o estado 1st estar pronto.

O último estado - "Recolha de Tácitos" - é o período de tempo mais curto, uma vez que se espera que seja durante o comissionamento, onde o custo das matérias-primas e consumíveis é aumentado. A fábrica é entregue quando todos os testes de funcionamento são aceites. Assim, tanto o proprietário como o empreiteiro planeiam que este período de tempo seja o mais curto possível. A recolha de conhecimento tácito é, na verdade, incorporada no indivíduo do membro da equipa, mas neste estado o conhecimento tácito que cada indivíduo recolheu deve ser registado sistematicamente. O conhecimento será incorporado na organização e será reutilizado mais tarde.

O quadro forneceu o processo de transferência de conhecimentos relacionado e os conhecimentos de transferência de conhecimentos que devem ser focados em cada etapa de transferência de conhecimentos num projeto de construção. O modo de transferência de conhecimentos é concentrado quando ocorre com mais de 2 actividades de transferência de conhecimentos. Esta é a orientação para gerir os conhecimentos do projeto com recursos limitados, o líder deve enumerar as actividades dos modos de transferência de conhecimentos específicos e trabalhar estritamente sobre elas. No entanto, apenas 1 ou 2 modos dos 4 modos de transferência de conhecimento de Nonaka falharão sempre. A figura 10 mostra que, em cada estado da transferência de conhecimentos do projeto, existem sempre 4 modos em conjunto. Os modos focados apenas orientam o processo que vale a pena investir mais para os apoiar

CAPÍTULO 6

CONCLUSÃO E RECOMENDAÇÕES

Conclusão

A economia tem sofrido alterações turbulentas ao longo de décadas. Uma empresa de construção precisa de melhorar para sobreviver no mercado. Uma organização enfrenta muitos tipos de problemas em cada fase do projeto, o que força a empresa a entrar numa fase de risco. O projeto de construção de uma fábrica de processamento, que tem as suas próprias caraterísticas, requer muitos padrões combinados entre si, que são o design único, a variedade de equipamentos e instrumentos, o ambiente e a tecnologia do processo.

A combinação de cada um destes requisitos é um trabalho sensível que, por erro, pode sempre levar o projeto para a fase de risco e, com este resultado, a empresa perde o seu lugar no mercado.

Esta investigação visa minimizar a fase de risco, identificando a causa de cada risco e utilizando o quadro de gestão do conhecimento, que é uma atividade de baixo investimento em comparação com outros investimentos. As causas profundas da fase de risco foram detectadas com base nos KEs para 7 tipos de risco. O resultado do teste estatístico de 71 inquéritos mostra que existem 2 grupos de resultados que são "Causa direta das pessoas" e "Causa indireta das pessoas". Os resultados foram validados com um pressuposto adicional, ou seja, o elemento "pessoas" e o elemento "processo" são inseparáveis para se utilizarem mutuamente. Depois de identificada a causa raiz, o quadro de transferência de conhecimentos para o projeto de construção de uma fábrica de processos foi produzido com base no modelo de transferência de conhecimentos de 4 modos de "Nonaka" e na transferência prática de conhecimentos passo a passo no projeto de construção de processos.

Devido ao facto de a estrutura ter sido construída com base nas caraterísticas do projeto de construção de uma fábrica de processamento, a sua aplicação a outros tipos de projectos de construção pode não ser adequada, como edifícios, estradas e edifícios pré-fabricados. Concentrar-se principalmente nas "Pessoas" para estes tipos de projeto pode não minimizar os riscos.

Recomendações

1. Isto indicou que "Estabelecer o chefe de equipa" é o passo das iniciativas em que o sistema para criar as actividades incorreu. A qualificação do sistema de transferência de conhecimentos do chefe de equipa deve ser tida em conta. Ser capaz de gerir o sistema de transferência de conhecimentos é apenas uma competência de gestão. Para a investigação futura, a fim de obter a pessoa mais qualificada, deve ser estudada uma competência de gestão para ponderar a importância entre as capacidades de gerir a socialização, a externalização, a internalização e a combinação.

2. Esta investigação forneceu o modo de transferência de conhecimentos a focar em cada fase da transferência de conhecimentos. No entanto, não foram recomendadas as actividades para melhorar cada modo. No futuro, poderia ser estudada a investigação sobre as actividades de cada modo de transferência de conhecimentos no projeto de construção de instalações de processamento.

CAPÍTULO 7

LITERATURAS CITADAS

Alhaji, K. M. e A.D. Isah. 2012. Causes of delay in Nigeria Construction Industy (Causas de atraso na indústria de construção da Nigéria). **Revista Interdisciplinar de Investigação Contemporânea em Negócios** (4): 785-794.

Alhawari, S., L. Karadsheh, A.N. Talet e E. Mansour. 2012. Knowledge-Based Risk Management Framework for Information Technology. **Revista Internacional de Gestão da Informação** (32): 50-65.

Assaf, S. A. e S. Al-Hejji. 2006. Causes of Delay in Large Construction Projects (Causas de Atraso em Grandes Projectos de Construção). **Jornal Internacional de Gestão de Projectos:** 349-357.

Aziz, R. F. 2013. Classificação dos factores de atraso em projectos de construção após a revolução egípcia. **Alexandria Engineering Journal** (52): 387-406.

Bekta§, E. **K.,** K. Lauche e J. Wamelink. 2010. **Estratégias de partilha de conhecimentos para projectos de construção de grande escala**. A 5th Conferência Internacional sobre Gestão de Projectos. A Sociedade de Gestão de Projectos. Tóquio, Japão

Bekta§, E., J.L. Heintz e J. Wamelink. 2008. **A Review of Knowledge Management Incollaborative Design: The Necessity of Project Knowledge Integration in Large Scale Building** Projects. Universidade de Tecnologia de Delft, Antalya, Turquia.

Bhatt, D. 2000. **EFQM Excellence Model and Knowledge Management Implications.** Fonte disponível: http://www.eknowledgecenter.com/articles/1010/1010.htm, 20 de fevereiro de 2014.

Caldwell, R. 2005. **Leadership and Learning: A Critical Reexamination of Senge's**

Learning Organization. Em Systematic Practice and Action Research, Londres, Reino Unido.

Duan, Y. e W. Nie. 2010. Identifying Key Factors affecting Transitional Knowledge Transfer. **The international Journal of management processes and systems**: 356-363.

Dudek-Burlikowska, M., e D. Szewieczek. 2007. Estimativa da Qualidade do Processo de Venda com Utilização de Métodos de Qualidade na Empresa Escolhida. **Journal of Achievements in Materials and Manufacturing Engineering** (20): 531-534.

Fugar, F. D. e A.B. Agyakwah. 2010. Delays in building construction projects in Ghana (Atrasos nos projectos de construção de edifícios no Gana). **Australasian Journal of Construction Economics and Building**: 103-116.

Harrington, H. J. 1991. **Business Process Improvement: The Breakthrough Strategy for Total Quality, Productivity, and Competitiveness** . McGraw-Hill, Nova Iorque.

Ho, S. K. 1995. **TQM uma abordagem integrada: Implementing Total Quality Through Japanese 5-S and ISO 9000**. Kogan Page, Londres.

Jamorndusit, K. 2012. **Análise da Explosão na Fábrica BST Maptaput.** Fonte disponível: http://www.matichon.co.th/news_detail.php?newsid=1336307072, 20 de janeiro de 2014.

Johnston, W. B. 1991. Global Work Force 2000: The New World Labor Market. **Havard Business Review**: 115-127

Kikwasi, G. J. 2012. Causes and Effects of Delays and Disruptions in Construction Projects in Tanzania (Causas e efeitos dos atrasos e perturbações nos projectos de construção na Tanzânia). **Jornal Australasiano de Economia da Construção e Construção**: 52-59.

Lindner, F. e A. Wald. 2011. Factores de sucesso da gestão do conhecimento em organizações temporárias. **International Journal of Project Management** (29): 877-888.

Lombard, M. e L.G. Yesilbas. 2005. Towards a Framework to Manage Formalised Exchanges During Collaborative Design (Para uma Estrutura de Gestão de Trocas Formalizadas Durante a Conceção Colaborativa). **Internatia Journal of Computational Engineering in Systems Applications** (70): 343-357.

Lopez-Nicolas, C. e A.L. Meron'o-Cerdan. 2011. Gestão estratégica do conhecimento, inovação e desempenho. **Revista Internacional de Gestão da Informação:** 502-509.

Makulsawatudom, A. e M. Emsley. 2001. Factores que afectam a produtividade da indústria da construção na Tailândia: The project Manager's Perception. **7ª Conferência Anual da ARCOM.** Universidade de Salford. Associação de Investigadores em Gestão da Construção (1): 281-290.

Makulsawatudom, A., M. Emsley e K. Sinhawanarong. 2004. Factores críticos que influenciam a produtividade da construção na Tailândia. **The Journal of KMITNB** (14): 1-6

Marquardt, M. J. 2002. **Building the Leaning Organization**. Davies-Black Publishing, Estados Unidos da América.

Marsh e McLennan. 2012. **Encontrar uma solução de risco: Para os desafios de construção do Qatar.** Fonte disponível: http://usa.marsh.com

Michalska, J. 2008. Utilizando o modelo de excelência EFQM para a avaliação de processos. **Journal of Achievements in Materials and Manufacturing Engineering** (27): 203-206.

Nonaka, I. 1994. A Dynamic Theory of Organizational Knowledge Creation (Uma Teoria Dinâmica da Criação de Conhecimento Organizacional). **Organization Science** (5): 14-37.

Ogunlana, S. O., K. Promkuntong e V. Jearkjirm. 1996. Construction Delays in a Fast-Growing Economy: Comparing Thailand with Other Economies. **International Journal of Project Management** (14): 37-45.

Owen, H. 1991. **Riding the Tiger: Doing Business in a Transforming World.** Potomac, Abbot Publishing, Maryland.

Sambasivan, M. e Y.W. Soon. 2007. Causes and Effects of Delays in Malaysia Construction Industry (Causas e Efeitos dos Atrasos na Indústria da Construção da Malásia). **International Journal of Project Management** (25): 517-526.

ThyssenKrupp. 2014.**ThyssenKrupp combina capacidades em tecnologia de instalações.** Fonte disponível: http://www.thyssenkrupp.com/en/presse/art_detail.html &eid=TKBase_1389368882984_407843576.

VYAS, S. 2013. Causa de atraso na construção de projectos em países em desenvolvimento. **Indian Journal of Commerce and Management Studies** (4): 24-29.

Watermeyer, P. 2002. **Handbook for Process Plant Project Engineers.** Professional Engineering Publishing. Londres.

Wikipédia. 2013. **Fábrica de produtos químicos.** Fonte disponível: www.wikipedia.com: http://en.wikipedia.org/wiki/Chemical_plant#cite_note-3, 1 de fevereiro de 2014.

WorleyParsons. **Presença global**. Fonte disponível: http://www.worleyparsons.com/GlobalPresence/Pages/default.aspx, 1 de fevereiro de 2014.

Printed by Books on Demand GmbH, Norderstedt / Germany